世界の飼い犬と野生犬

著　　トム・ジャクソン

訳　　倉橋俊介

監修　菊水健史

X-Knowledge

アートディレクション
中村圭介(ナカムラグラフ)
デザイン
平田 賞／野澤香枝／樋口万里（ナカムラグラフ）
翻訳協力
株式会社トランネット

Contents

はじめに

　イヌは人間の最良の友である、とは言い古された文句だ。そしてわれわれがこれほど長いあいだ、お互いに利益を享受する関係を続けてきた動物は、イヌをおいて他にいないということにも疑問の余地はないだろう。しかし、この関係が一体いつから始まったかについては意見が分かれている。イヌと人間は少なくとも1万5000年前からともに暮らしているが、われわれがイヌを飼い慣らすに至るまでの期間は、ゆうにその2倍にもなる。はたしてわれわれがイヌをどうにか飼い慣らしたのか、それともわれわれがイヌに手なずけられたのだろうか？　もちろん、今日のイヌは世界中で、愛情たっぷりの飼い主から食事と居場所をもらってかわいがられており、単なるペットと飼い主という関係を越えているように思える。かつてのわれわれとイヌを引き合わせたのも、これと同じようなことだったのだろう。焚き火のそばでは肉の切れ端にありつけるうえ、暖もとれると気づいた野生イヌの群れが近づいてきたのだ。何世代もかけて、もしくはもっと短いあいだに、人間とイヌの家族はお互いを認め合うようになり、やがて信頼が生まれ、固い友情で結ばれていった。イヌの家族は人間の家族に溶け込み、人間はイヌの繁殖を管理して、しだいに現存するおよそ360の犬種をつくりだした。それではイヌの生活、仕事、遊びについて詳しく見ていこう。

この3匹のフレンチ・ブルドッグが何を
考えているのかは、彼らだけの秘密だ

チベット原産のラサ・アプソ（135
頁参照）の子犬が、遊ぶ道具や相
手を探している

野生のイヌ

愛すべき相棒の原点

　野生イヌは4000万年前から、われわれ人類の20倍もの長いあいだ地球上に生息している。人間が現れる以前、野生イヌは地球上で一番といっていいほど広く分布する大型哺乳類の地位にあった。野生イヌは今なお南極を除くすべての大陸で見られ、ただ生き延びているだけでなく、高緯度北極のツンドラから極度に乾燥した砂漠地帯まで、ありとあらゆる環境の中で繁栄している。野生イヌがネコ科をはじめとする大型肉食哺乳類に後れをとっている地域を挙げるとしたら、それは熱帯雨林になるが、くまなく探せばそこでも数種が暮らしているのがわかるだろう。

　イヌ科の動物はいずれも大きな頭に幅の広い顎、すらりとした体とそれを支える（ふつうは）長い脚が特徴のイヌらしい体形を共有している。顎はイヌのおもな攻撃手段であり、獲物を仕留めて食べるのに使われる。体と脚は移動効率を極限まで追求したつくりになっており、最高速度近くで長時間走り続けることができる。広い胸郭には原動力となる大きな肺と強力な心臓が収まっており、長い歩幅で颯爽と駆けていく。

　イヌ科には36の種が含まれ、コヨーテやドール、ジャッカル、クルペオギツネ、リカオンなどの名前がついているが、なかでも最もよく知られているのがハイイロオオカミ（*Canis lupus*）だろう。咆えたける大型のハンターであり、伝承の中で恐れられるこの存在こそが、ペットとして愛されるイエイヌの野生の類縁なのだ。

リカオン
英名：African wild dog
学名：*Lycaon pictus*

脚が長く、大きな耳をしたこの動物の学名は *Lycaon pictus*（"彩色されたオオカミ"）といい、被毛の斑模様が画家のパレットに置かれた絵の具を思わせることからつけられた

この写真はリカオンが交戦中のアフリカスイギュウのメスに追い立てられているところだが、リカオンは20頭以上の大集団で暮らす動物だ。北アフリカ周縁部やその他の世界中で、群れで狩りをする野生イヌといえばオオカミが主だが、リカオンはアフリカのそれ以外の地域で最大の野生イヌとなる。だが残念なことに、近年では絶滅危惧種に指定されている

約150年ぶりに発見された
イヌ属の新種

アフリカンゴールデンウルフ

英名: African wolf
学名: *Canis anthus*

近年、アフリカと西アジアに生息するキンイロジャッカル
を分析したところ、アフリカのものは小型のオオカミの独
立種であったことがわかり、今ではアフリカンゴールデン
ウルフと呼ばれている。キンイロジャッカルはアジアとヨー
ロッパにのみ生息する種であるというのが現在の見解だ

約150年ぶりに発見された
イヌ属の新種

アフリカンゴールデンウルフ

英名: African wolf
学名: *Canis anthus*

1年のほとんどの期間、ホッキョクギツネ
は周囲の環境に溶け込みやすい白い被毛
をまとっている。しかし短い夏のあいだに
は、灰褐色の被毛に生え替わる

ホッキョクギツネ

英名：Arctic fox
学名：*Vulpes lagopus*

白く分厚い被毛で覆われたホッキョクギ
ツネは、氷に閉ざされた北極の地で通年
過ごすことができる。他の野生イヌより耳
が小さく脚も短いのは、過酷な環境下で
の体温の損失を少なくするためだ

1年のほとんどの期間、ホッキョクギツネ
は周囲の環境に溶け込みやすい白い被毛
をまとっている。しかし短い夏のあいだに
は、灰褐色の被毛に生え替わる

大きな耳は砂漠で生きるための必需品

ベンガルギツネ

英名：Bengal fox
学名：*Vulpes bengalensis*

南アジア一帯に生息する、銀色の被毛を
もつこのキツネは、小規模な家族単位で
生活するが狩りはふつう単独で行なうと
いう、典型的な旧世界キツネの種だ

オオミミギツネ

英名：Bat-eared fox
学名：*Otocyon megalotis*

この小型のキツネの1種はアフリカ南部の半
砂漠地帯に生息している。巨大な耳は余剰な
熱を発散するラジエーターの役割を果たすだ
けでなく、エサとなる小さな昆虫の動きを感知
する鋭いセンサーにもなる

獲物を襲い、守る

仲間と協力して
獲物を襲い、守る

ジャッカルはオオカミに似た小型のイヌ科の仲間で、大き
な耳と細長い吻が特徴だ。現在では南アフリカに生息す
る大型のヨコスジジャッカル（*Canis adustus*、32 頁参照）、
西アジアとヨーロッパに生息するキンイロジャッカル（*C.
aureus*、24 頁参照）、東アフリカに生息するセグロジャッ
カル（*C. mesomelas*、右頁参照）の 3 種に分けられている

セグロジャッカル

英名：Black-backed jackal

学名：*Canis mesomelas*

この東アフリカに生息するジャッカルは大規模な集団で生活している。協力してエサを探し、ライオンなどのより大型の動物に横取りされないように守る

ヤブイヌ

英名：Bush dog

学名：*Speothos venaticus*

イヌ科の他の仲間とはちょっと違った姿をしたこの脚の短い動物は、南アメリカの熱帯雨林に生息する2種の野生イヌのうちの1種だ。もう1種がコミミイヌ（英名：Short-eared dog、学名：*Atelocynus microtis*）で、南アメリカ大陸の西部地域に分布している

子どものように可愛いけれど、
これでも大人

ケープギツネ
英名： Cape fox
学名： *Vulpes chama*

アカギツネ型系統の1種で、アフリカ南
西部の乾燥した半砂漠地帯に生息してい
る。おもに昆虫をエサとするが、果実を見
つければそれも食べる

コサックギツネ

英名：Corsac fox

学名：*Vulpes corsac*

この淡色のキツネは中央アジアの乾燥した草原や砂漠に生息している。エサは齧歯類や昆虫だ

目つきの鋭いコヨーテは北アメリカで最も広く分布する野生イヌの種だ。都市郊外で生活する術を身につけており、その狡猾さで知られている

コヨーテは単独で生活し狩りをするが、他の仲間に自分の居場所を知らせようと遠吠えなどをする習性がある。縄張りに入ってくるな、と伝えているのだ

巣穴に逃げ込む獲物も
逃がさない

コヨーテ
英名：Coyote
学名：*Canis latrans*

鋭い嗅覚で獲物を追跡するコヨーテは、
おもに小型の齧歯類をエサとしている。さ
らにアメリカアナグマと協力して、ジリス
などの巣穴に住む動物を探して掘り起こ
すこともある

キツネのような「イヌ」と、イヌのような「キツネ」

カニクイイヌ

英名：Crab-eating fox
学名：*Cerdocyon thous*

南アメリカに生息するこの小型の野生イヌは、乾季にはおもに昆虫を食べるが、雨が降って生息地が沼地になるとカニなどの水生の獲物を探しに行く

クルペオギツネ

英名：Culpeo
学名：*Lycalopex culpaeus /*
Dusicyon culpaeus

アンデスギツネ（*Andean zorro*）とも呼ばれるこのキツネは、獲物を求めてアンデス山脈の乾燥した斜面や南アメリカ西岸を巡回する

ダーウィンギツネ

英名：Darwin's fox
学名：*Lycalopex fulvipes* /
　　　Dusicyon fulvipes

1830年代にビーグル号による歴史的航
海の途中で本種を発見したチャールズ・
ダーウィンにちなんで名づけられた。チリ
沿岸部のわずかな範囲と沖合の島々にし
か見られない、きわめて希少な種だ

砂漠の小さな狩人

フェネックギツネ

英名：Fennec fox
学名：*Vulpes zerda*

一生を通じてサハラ砂漠の周縁部に生息する2種の野
生イヌのうちの1種であるフェネックギツネは、その大き
な耳で知られている。この耳には血管が張り巡らされてお
り、熱を発散させて体温を低く保つ働きをする

ドール

英名：Dhole

学名：*Cuon alpinus*

アカオオカミ（*Indian red dog*）と呼ばれることもあるドールはオオカミと近縁な種で、アジアの森林に生息している。集団で行動するこの小型の野生イヌは優秀なハンターだ

エチオピアオオカミ

英名：Ethiopian wolf

学名：*Canis simensis*

エチオピア高原にのみ見られる、この絶滅危惧種のオオカミは社会集団で生活しているが、狩りは単独で行なう。地中にすむネズミを専門とする捕食者だ

キンイロジャッカル

英名：Golden jackal

学名：*Canis aureus*

現在ではアフリカンゴールデンウルフ（10 頁参照）とは別
の系統だと判明している本種は、おもに西アジアに見られ
るが、西はバルカン半島、東はミャンマーにまで分布して
いる。北アメリカのコヨーテ（19 頁参照）とおおよそ同じ
ニッチ（生態的地位）を占める種だ。小規模な家族単位で
行動して狩りをするが、死肉も食べる

ハイイロギツネ

英名：Grey fox

学名：*Urocyon cinereoargenteus*

アカギツネ（31 頁参照）とともに北アメリカに生息してい
るこの野生イヌは銀灰色の被毛に覆われているが、名前に
反して赤や褐色の部分もある

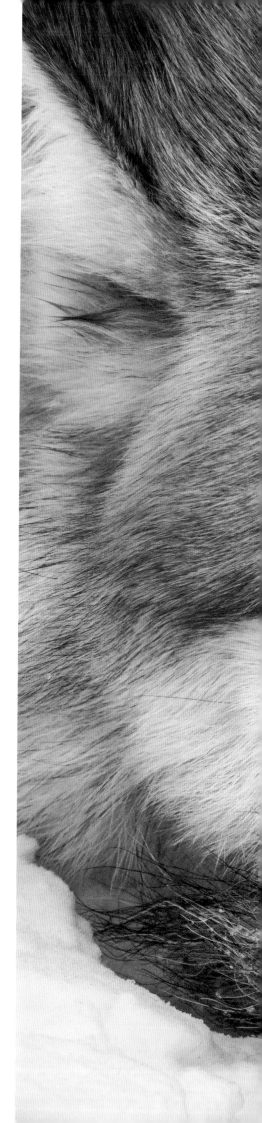

神々しき「オオカミ」の亜種は、
世界中に生きている

ハイイロオオカミ
英名：Grey wolf
学名：*Canis lupus*

イヌ科で最大にして最も広く分布する種
だ。その体長は1.6メートル、体重は80
キログラムにもなることがある。寒い地域
に生息するものほど体が大きい。シンリン
オオカミ（Timber wolf）やツンドラオオカミ
（Tundra wolf）など、多くの亜種に分かれ
ている

6つの島にだけ生息するキツネ

シマハイイロギツネ

英名：Island fox

学名：*Urocyon littoralis*

ハイイロギツネ（26頁参照）の近縁種で、
カリフォルニア州沿岸沖にあるチャンネ
ル諸島にのみ生息している

シマハイイロギツネ

英名：Island fox

学名：*Urocyon littoralis*

ハイイロギツネ（26頁参照）の近縁種で、
カリフォルニア州沿岸沖にあるチャンネ
ル諸島にのみ生息している

タテガミオオカミ

英名： Maned wolf

学名： *Chrysocyon brachyurus*

南アメリカに生息するこの野生イヌは、その異様に長い脚を別にすれば、名前とは裏腹にオオカミよりもキツネに似ている。エサの半分は植物性のものだ

ブランフォードギツネ

英名： Blanford's fox

学名： *Vulpes cana*

このキツネは中東の乾燥した砂漠や山地に生息している

キットギツネ

英名： Kit fox

学名： *Vulpes macrotis*

最小級のキツネの1種で、北アメリカ南西部の砂漠に生息する

オジロスナギツネ

英名：Rüppell's fox

学名：*Vulpes rueppellii*

この昆虫食性の種は北アフリカと中東一帯に生息している

パンパスギツネ

英名：Pampas fox

学名：*Lycalopex gymnocercus /*
Dusicyon gymnocercus

この小型の野生イヌの名前は南アメリカの草原地帯に由来しており、そこで夜間に小動物を狩って過ごしている

セチュラギツネ

英名：Sechuran fox

学名：*Lycalopex sechurae /
Dusicyon sechurae*

南アメリカに分布するキツネで、ペルー北部沿
岸の乾燥したセチュラ砂漠での生活にうまく
適応している

最も分布の広いキツネ

アカギツネ
英名： Red fox
学名： *Vulpes vulpes*

最も広く分布するキツネ。北アメリカ、
ヨーロッパ、北アジアに生息しており、都
市部や農地にも適応して生き抜いている

最も分布の広いキツネ

アカギツネ
英名： Red fox
学名： *Vulpes vulpes*

最も広く分布するキツネ。北アメリカ、
ヨーロッパ、北アジアに生息しており、都
市部や農地にも適応して生き抜いている

31

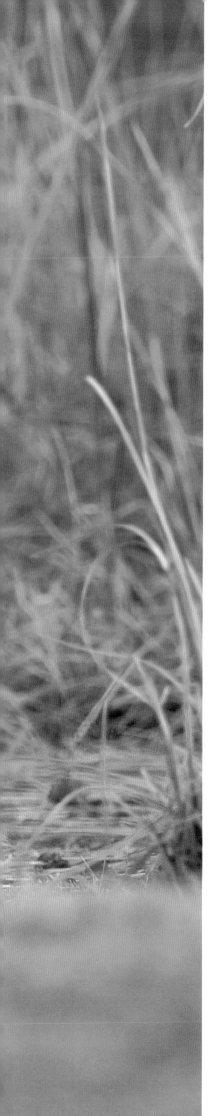

タヌキ

英名：Raccoon dog
学名：*Nyctereutes procyonoides*

まったく近縁ではない北アメリカのアライ
グマ（*Raccoon*、アライグマ科）によく似て
いるが、タヌキはシベリア、中国、朝鮮半島、
日本など東アジアに生息している

背中の模様が唯一無二

ヨコスジジャッカル

英名：Side-striped jackal
学名：*Canis adustus*

アフリカで最大のジャッカルの種で、同大
陸の南部に群れで暮らしている。集団で
狩りをする場合もあるが、単独で小型の
獲物を探しに行くことのほうが多い

スイフトギツネ

英名： Swift fox

学名： *Vulpes velox*

イエネコほどのサイズの非常に小型のキツネ
で、北アメリカのロッキー山脈以東のプレー
リー（草原地帯）や平野に生息している

チベットスナギツネ

英名： Tibetan sand fox

学名： *Vulpes ferrilata*

寒さに耐えるための厚い被毛に覆われたこの
種は、ヒマラヤ山脈の北に広がる高原で暮ら
している

パタゴニアに佇む孤高のキツネ

チコハイイロギツネ
英名： South American grey fox
学名： *Lycalopex griseus* /
Dusicyon griseus

現地では「チジャ(*chilla*)」や「ソロ(*zorro*)」
とも呼ばれ、南アメリカ最南端に位置するパタ
ゴニアの寒く荒涼とした土地に生息している

狩猟犬

人類と共に歩んできたハンターたち

　とくに人気の高い犬種の多くは、主人である人間の狩りを手伝うために数百年にわたってつくられてきたものだ。しかし今では、食料のために狩りをする人はほとんどいない。猟犬はむしろ、趣味として獲物を狩る本格的なスポーツハンティングを楽しむ人々に飼われているのだ。かつて狩りに従事した犬種ではあるが、現在ではもちろん愛すべきペットとしても大切にされている。

　猟犬と他の使役犬とを区別するのは容易ではない。たとえば、番犬や護畜犬（56-57頁参照）として改良されたたくましく好戦的な犬種もまた、狩りで拠点を離れた人間にとって信頼のおける、欠かせない仲間となるだろう。しかし、猟犬には大まかに3つの果たすべき役割がある。獲物の発見、捕獲、回収だ。

　第1の役割である獲物の発見は、セントハウンド（嗅覚型猟犬）の仕事であり、標的の匂いをとらえて根気よく追跡する。野生イヌが獲物を見つける方法もこれと似たようなものだ。獲物が射程に入ったら、追いかけて捕まえるサイトハウンド（視覚型猟犬）の出番となる。野生の本能に従えばそのまま獲物を食べてしまいそうなものだが、そうはさせないようにするのがブリーダーの腕の見せどころだ。獲物を巣穴の中まで追いかける必要があれば、テリアなどの小型の猟犬が使われる。

　銃猟犬は猟銃で狩りをするハンターを助ける犬種で、どちらかといえば穏やかな性質をしている。ポインターやセッターが獲物の位置を示し、スパニエルが追い立て、仕留めた獲物——多くの場合は鳥を、レトリーバーが見つけて回収し、主人たちの元へと戻るのだ。

ブラッドハウンド

英名：Bloodhound

典型的なセントハウンドであるブラッドハウンドの鼻には2億個もの嗅覚受容体があり、人間の40倍にもなる鋭い嗅覚をもっている

キジをくわえたブラッドハウンド。イヌは獲物を見つけたいという強い衝動をもっており、ひとたびその匂いをとらえたら止めるのは難しい。人間はこの習性を利用して、あらゆる種類の狩りや、北アメリカではとくに逃亡犯の追跡にも役立てている

優れた感覚を利用し、
野生の衝動を制御する

バセンジー
英名： Basenji

このアフリカ原産の猟犬は訓練が難しい
ものの、粘り強く賢いハンターになる

イビザン・ハウンド
英名：Ibizan hound
足が速く人気のあるカタルーニャ地方原産の
犬種で、視覚・聴覚・嗅覚を駆使してウサギ
を狩るのに使われる

エアデール・テリア

英名：Airedale terrier

テリア系で最大となる犬種で、イギリスのヨークシャー原産。他のテリアと同様、かつてはネズミなどの害獣駆除に使われていたが、この犬種はとくにカワウソ猟のために改良されたものだ

バセット・ハウンド

英名：Basset hound

ゆっくりとした、ぎこちない動作で愛されているこのセントハウンドは、獲物を追うときに飼い主を追い越さないため、脚が短くなるよう改良された

従順なだけでなく
高い狩猟本能を
存分に発揮する

スプリンガー・スパニエル
英名：Springer spaniel
忠実で愛想のよいスパニエルは、銃で狙
いがつけられるように猟鳥を飛び立たせ
る役目を任されている。その後、撃ち落と
した鳥を嗅ぎ当てるとくわえて回収する
のだ

イングリッシュ・フォックスハウンド
英名： English foxhound
ブラッドハウンドより小型で素早い犬種
だが、匂いを辿る本能は健在だ

伝統的な狩りでは、フォックスハウンド
の群れが馬に乗ったハンターたちを率い
る。フォックスハウンドは獲物の追跡に
使われるわりには、穏やかで人懐こい性
格をしていることが多い

他のポインターと同様、賢く従順なこの犬種は、
獲物を見つけるとその場で静止する。鼻先で獲
物をまっすぐ指し示して、ハンターにその場所を
知らせるのだ

温厚で穏やか
忍耐強くて賢い

ジャーマン・ショートヘアード・ポインター
英名：German short-haired pointer

他のポインターと同様、賢く従順なこの犬種は、
獲物を見つけるとその場で静止する。鼻先で獲
物をまっすぐ指し示して、ハンターにその場所を
知らせるのだ

イタリアン・グレーハウンド

英名：Italian greyhound

グレーハウンドは素早く走り回る獲物を目でとらえ、高速で追跡することができるサイトハウンドだ。そのおかげでレースにもうってつけの犬種となっている

ノルウェジアン・エルクハウンド

英名：Norwegian elkhound

寒い気候によく適応したこの犬種は、冬の森でシカを追うためにつくられた

日本犬で唯一の大型犬

秋田犬
英名： Japanese Akita
日本の秋田県産で国の天然記念物に
指定されている、大型で有能な猟犬。シ
カやイノシシに襲いかかり、クマを撃退
するために改良された

「古代エジプト王のイヌ」

ファラオ・ハウンド
英名： Pharaoh hound

マルタ島原産のこのサイトハウンドは、ウサギ狩りのためにつくられた。マルタ語では"ウサギ犬"という意味の名前で呼ばれている。今では否定されているが、ファラオ・ハウンドという名はこの犬種が古代エジプトのイヌの子孫だという説にちなんだものだ

ダルメシアン

英名：Dalmatian

ダルマチア地方（現在のクロアチアにあたる地域の沿岸に位置する）が原産の人目を引くポインターで、白い被毛に黒い斑点をもつ姿で知られている

ダルメシアンは猟犬の血を引いてはいるが、馬車犬として改良された犬種で、乗客の富と地位の象徴として馬車に伴走していた

アイリッシュ・ウルフハウンド

英名: Irish wolfhound

名前が示すように、このサイトハウンドは
家畜を襲うオオカミの駆除に向かうため
に改良された。あらゆる犬種のなかでも
屈指の大きさを誇るからこそこなせた任
務だ

オッターハウンド

英名: Otterhound

イギリス原産のこの犬種は、郊外の川で
魚を食い荒らすカワウソを狩るのが役目
だった。現在では急速に数が少なくなっ
ている

獲物を回収（Retrieve）する
心優しきイヌ

ラブラドール・レトリーバー
英名：Labrador retriever

ペットとして世界中で最も人気のある犬種のひとつで、獲物を回収するためにつくられた銃猟犬。その名前とは裏腹に、原産はカナダのラブラドール地方ではなくニューファンドランド島だ。もともとはカナダの大西洋沿岸部で、漁網をたぐり寄せてこぼれ落ちた魚を集めるのに使われていた

ラブラドール・レトリーバー

ペットとして世界中で最も人気のある犬種のひとつで、獲物を回収するためにつくられた銃猟犬。もともとはカナダ

　人間とイヌとが寄り添って暮らすようになって以来、イヌは人間に貢献し続けてきた。今日のイエイヌの祖先は、群れで協力して生きる高度な社会性をもったオオカミであったため、飼い慣らされたイヌにとって別の種（ヒト）の集団に加わることは些細な変化でしかなかった。

　人間の助手となったイヌが遂行した最初の任務は、おそらく護衛だろう。この関係は共生のようなもので、人間はイヌに温もりと住み家、食べ物を与え、イヌはその見返りとして、彼らにとっては当たり前のことではあるが、自分たちの集団の縄張りに入り込んだいかなる大型動物や他のイヌ、人間にも立ち向かった。イヌは驚異的な嗅覚と聴覚をもっていることから、その行動が早期警報の役割を果たし、侵入者に対して本能的に襲いかかる防衛力にもなった。群れを守るというこの本能は現在の番犬にも受け継がれている。

　護畜犬は同じようにして家畜の群れを保護する。その相手のほとんどはオオカミだ。いっぽう、彼らの傍らで働く牧畜犬は獲物を追いかけるというもうひとつの原始的な本能を利用している。野生イヌは狩りをするとき、弱い獲物に目をつけ、追い立てて消耗させる。この要領で、牧畜犬は飼い主の指示に従って群れからはぐれた家畜を集めて保護するのだ。

　使役犬は他にも緊急の現場やスポーツの世界で、また高齢者や障害をもつ人の介助に使われることがある。こうした役割は、鋭い嗅覚や卓越した持久力、高い知能といったイヌの特性に支えられている。

ボーダー・コリー

英名：Border collie

知性を感じさせるこの犬種は第一級の牧畜犬だ。名前の"ボーダー（国境）"というのは、イングランドとスコットランドの境界地となっている、ヒツジの牧場が広がる荒野のことだ

ボーダー・コリーは非常に活発な犬種で、働いてさえいれ
ば満足する。見るからに賢そうな姿が魅力だが、ペットに
はあまり向いていない。自由に走り回れる空間のない都
市の環境では、退屈してフラストレーションが溜まってし
まうからだ

バーニーズ・マウンテン・ドッグ
英名: Bernese mountain dog

世界でも最大級となるこのスイス原産の犬種は、アルプスの農場でのあらゆる仕事に使われていた。ミルクやチーズを積んだ荷車を引く作業でさえそのひとつだ

オーストラリアン・ケルピー
英名: Australian kelpie

このオーストラリア原産の牧羊犬はヒツジやウシの牧場に起源をもつ、根っからの仕事好き。怠けることはめったにない

オーストラリアン・ケルピーの「ケルピー」とはスコットランドの伝説に出てくる水の精のこと。この犬種の誕生にスコットランド人がかかわっていたことを示している

世界各地の多様なヒトの営みが、
多様な使役犬を生んだ

バーニーズ・マウンテン・ドッグは山岳地帯での活動
に耐えうる犬種。白・茶・黒のトライカラーで長い被毛
が美しい

エストレラ・マウンテン・ドッグ

英名　Estrela mountain dog

ポルトガルの山岳地帯が原産のこの大型
犬種は、家畜の群れに混じって暮らし、襲
撃から守る護畜犬だ

マレンマ・シープドッグ

英名: Maremma sheepdog

このイタリア原産の牧羊犬は、管理対象
であるヒツジに勝るとも劣らない、たっぷ
りとした柔らかい被毛に覆われている

ポルトガルの山岳地帯が原産のこの大型
犬種は、家畜の群れに混じって暮らし、襲
撃から守る護畜犬だ

ピレニアン・シープドッグ
英名： Pyrenean sheepdog

この小型の牧畜犬はフランスのピレネー
山脈が原産だ。体の小ささを補うほどの
敏捷性を誇っている。牧羊犬の競技会でも常連だ

オーストラリアンシェパード
英名： Australian shepherd

オーストラリアの名をもつが、アメリカの
カリフォルニアを原産とする犬種。羊など
の家畜を管理するのはもちろん、順応性
と多才さから介助犬、救助犬、競技犬な
どの分野でも活躍している

ベルジアン・シェパード・ドッグ
英名：Belgian shepherd dog

ベルギー原産のこの犬種は家畜の番を
するためにつくられたが、その体格とたく
ましさを生かして護衛任務につくことも
ある。ドイツ産の同様の犬種と同じく、優
秀な番犬や警察犬になる。この写真の犬
は、ベルジアン・シェパード・ドッグの中
でもタービュレン（Tervueren）と呼ばれる
毛色の犬種

広大な土地に暮らすには
強靭な身体が必要だった

セントラル・アジア・シェパード・ドッグ
英名： Central Asian shepherd dog

トルクメン・ウルフハウンド（Turkmen wolfhound）
とも呼ばれるこの大型犬種は、古くから中央ア
ジアの草原で家畜の護衛をしている。ソビエト
時代にさらに改良され、現在では長毛型と短
毛型の2種類が存在する

広大な土地に暮らすには
強靭な身体が必要だった

セントラル・アジア・シェパード・ドッグ
英名： Central Asian shepherd dog

トルクメン・ウルフハウンド（Turkmen wolfhound）
とも呼ばれるこの大型犬種は、古くから中央ア
ジアの草原で家畜の護衛をしている。ソビエト
時代にさらに改良され、現在では長毛型と短
毛型の2種類が存在する

カンガール・ドッグ

英名：Kangal dog

この堂々とした牧畜犬はトルコの国犬だ。強い保護本能をもち、知らない人が不用意に触れば噛みつくこともある

クーバース

英名：Hungarian kuvasz

この護畜犬は白いむく毛に覆われており、ヒツジの群れに紛れ込みやすくなっている

アイスランド・シープドッグ
英名：Icelandic sheepdog

このアイスランド原産の牧羊犬は足を滑らせることなく機敏で、火山島である故郷のごつごつした岩だらけの地形にうってつけだ

犬種はさらに品種改良され、
暮らしになじんでゆく

ニュージーランドの牧羊犬は、ボーダー・
コリー（54頁参照）、ロットワイラー
（Rottweiler）、ジャーマン・シェパード・ドッ
グ（100頁参照）のミックスであることが
多い

シェットランド・シープドッグ

英名：Shetland sheepdog

イギリスの島嶼生まれのこの犬種は、本土原産のよく似た牧羊犬であるラフ・コリー（Rough collie、テレビドラマ『名犬ラッシー』の主人公としておなじみ）のミニチュア版だ。シェルティーとも呼ばれる

シェットランド・シープドッグとラフ・コリーはサイズ以外が似ているが、よく見ると足と胴体のバランスなどプロポーションが異なる

トルニャック
英名：Tornjak
このがっしりしたボスニア原産の牧羊犬は、
ルーマニアやギリシャの山岳犬と近縁だ

スパニッシュ・ウォーター・ドッグ

英名：Spanish water dog

濡れてもすぐ乾く、ウェーブのかかった長い被毛をもつように改良されたこのスペイン原産の使役犬は、800年以上も前から存在しているが、公式に認定されたのは1980年代に入ってからのことだ

コモンドール

英名：Komondor

縮れた被毛をもつハンガリー原産の牧羊犬で、まるでヒツジに擬態しているかのように見える。おそらく、1000年ほど前にアジアからの移住者とともに東ヨーロッパへやってきた犬種だ

狭い場所でも広い牧場でも
正確に誘導する

オーストラリアン・キャトル・ドッグ
英名： Australian cattle dog

オーストラリアン・ヒーラー（Australian
heeler）とも呼ばれる、非常に機敏で活発
な犬種。自分より大きなウシのかかとに
噛みついて誘導する

ブリアード

英名： Briard

この犬種はオールド・イングリッシュ・シープ
ドッグ（右頁参照）のフランス版といえる。被
毛はより短いが、目に被さるようなウェーブの
かかった房毛をもつ点は同じだ

二重構造の被毛で
風雨をしのぐ

オールド・イングリッシュ・シープドッグ

英名： Old English sheepdog

眉のあたりから生えた長い被毛で目が隠れて
いるのが大きな特徴の犬種だ。ふんわりとし
た豊かな被毛には念入りな手入れと注意が欠
かせない。近年では人気が落ちており、絶滅
のおそれがある犬種のリストに載っている

被毛が水を弾く
泳ぎが得意な水猟犬

ロマーニャ・ウォーター・ドッグ
英名： Lagotto Romagnolo

原産地のイタリアで "ロマーニャの湖犬
（ラゴット・ロマニョーロ）" と呼ばれるこ
の小型犬は、のちのすべての水猟犬の原
型になったと考えられている

高級食材のトリュフを嗅ぎ当てる「トリュフ狩り」はかつてはブタの仕事でもあった。しかしブタはトリュフを探す際に誤って食べてしまうことも多い。そのために、今ではあらゆる犬種が「トリュフ狩り」を訓練されている

トリュフ狩りにはプードルが向いているとされているが、地面を掘るのが得意なダックスフント（130頁参照）も同行することがある

トリュフとして知られる地中に埋まったキノコは、その独特のカビのような香りで珍重されている。種類によってはあらかじめ1キログラムで1000ポンド（約18万円）もの値がつけられるほどだ

北極のそり犬で最古の犬種

アラスカン・マラミュート
英名: Alaskan malamute

このオオカミに似た寒冷地用のそり犬は、
改良したアメリカ先住民のマラミュート
族にちなんで名づけられた

イヌはおよそ8000年前から、ご
つごつした氷の大地でそりを引く
ために使われていた

現在のそり犬はもっぱらレースや
レジャー目的で活躍している

レースのスタートラインに向かうハス
キーの犬ぞりチーム。鋭い氷や岩から足
を保護するための靴を履いている

長距離を
一定のスピードで走れる
恵まれた体格

シベリアン・ハスキー
英名： Siberian husky
この端正なイヌはスピッツ系を代表する
犬種で、北アジアや北極圏の古代のイヌ
にルーツをもつ。ハスキーは野生のハイイ
ロオオカミにおそらく最も近い犬種だろう

つねに愛想のよいラブラドール・レトリーバーは、撃ち落とした鳥や、網からこぼれた魚の回収を手伝うイヌとしてつくられた（55頁参照）。毛色にはブラック、チョコレート、イエローがあるが、人気が高まりつつあるのがフォックスレッド（公式にはイエローに分類されている）だ

目の不自由な人を案内する盲導犬になるべく、実地訓練を受けるラブラドール・レトリーバー（55頁参照）の子犬。飼い主が道路を横断したり、人混みの中を歩いたりするときに安全を確保するのが仕事だ

飼い主が方向を指示すると盲導犬は障害物をよけながら誘導し、危険が迫ると立ち止まる

銃猟隊は複数の犬種を使い分けて狩りをする。ハウンド
が獲物を見つける補佐をし、スパニエルが藪に入って鳥
を追い出し、獲物を回収するのだ。回収はラブラドール・
レトリーバー（53頁参照）の役目でもある

このスパニエルのような回収犬は、仕留めた獲物を強く
噛んで損なうことなく飼い主の元へ持ち帰るよう改良さ
れている

優しく噛んで運ぶことで美しい羽毛も損
なわれない。この柔らかく噛む技術は「ソ
フト・マウス」と呼ばれている

その時速70キロ以上
サイトハウンドから生まれたレース犬

グレーハウンド・レース
グレーハウンド・レースと呼ばれる犬のレース。
この俊足のイヌは、ウサギを追いかけて捕らえ
るサイトハウンドとして改良された。現在では
つくり物のウサギを追って砂地のコースを周
回するレース犬として飼われている

砂を蹴り上げながら凄まじいスピードで走り抜ける。体脂肪率が低く、引き締まった体躯で駆ける姿は美しくもある

グレーハウンドは基本的には大人しい性格だが、レース用に訓練されているレース犬たちは競争心が激しく攻撃的。口輪をはめているのも他のイヌを負傷させないためだ

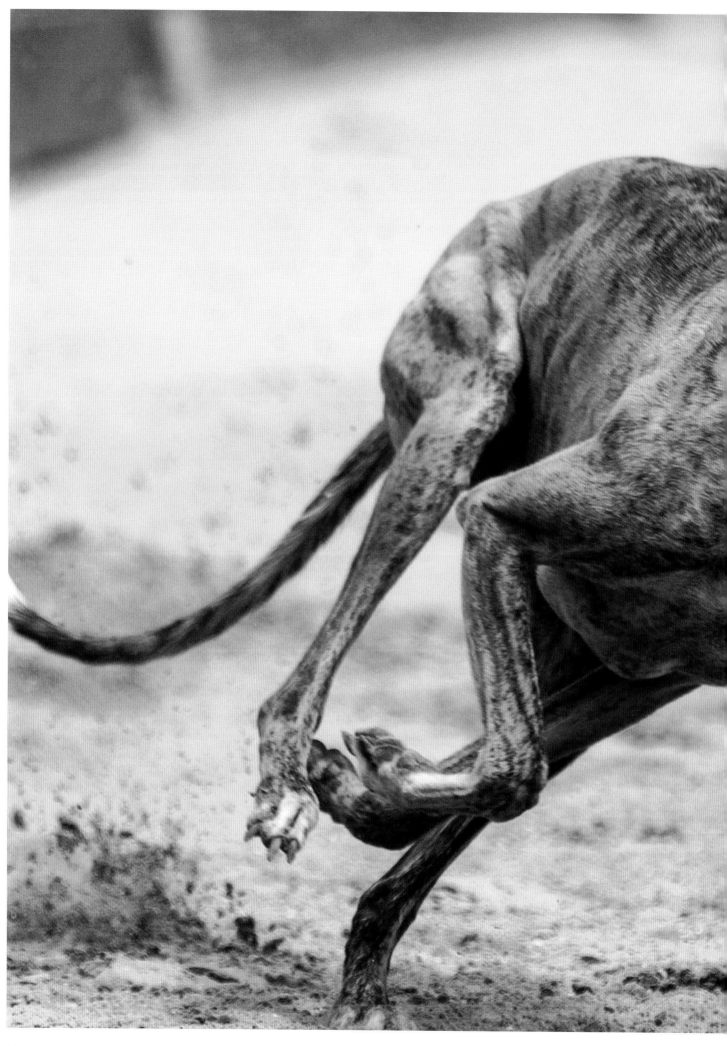

長い脚と細く筋肉質の体をもつグレーハウンドは世界最速のイヌだ。その走る速さは人間の2倍ほどにもなる

ドーベルマン

英名： Dobermann

ドイツ原産のこの犬種は、動きの
素早い獲物を追跡するためつくら
れた俊足のセントハウンドで、現在
ではとくに優秀な番犬として評価
が高い

ナポリタン・マスティフ

英名： Neapolitan mastiff

古代ローマの闘技場で観客を楽しませるため
につくられた闘犬の子孫で、その巨体からは番
犬としての並々ならぬ強靱さが感じられる

俊足で強靭
よき友は優秀な護衛になる

ボクサー
英名：Boxer

前足でお互いに小突き合う様子からその名が
ついたこのがっしりとした犬種は、イノシシ狩
りのために改良された

群れに近づくよそ者には何であれ立ち向かうという原始的な本能を利用したのが番犬だ。実際に襲いかかる前にまずうなり声を上げ、吠えかかり、歯をむき出すことで侵入者が尻尾を巻いて立ち去るように試みる

警備犬は噛みつくように訓練する必要がある
ため、噛みつくべき時とそうでない時の判断
ができるようになるまでは、口輪をつけたまま
服従訓練を受ける

警察は犯罪者の捜索と逮捕に、ジャーマン・
シェパード・ドッグ（100頁参照）のような賢
く大型のイヌを利用している。警察犬から逃
れられる者はほとんどいない

ジャーマン・シェパード・ドッグ

英名：German shepherd dog

この人気の犬種は第一次世界大戦中のイ
ギリスで、敵国ドイツへの反感からフラン
スのアルザス地方に由来するアルサシア
ンと改名された。ドイツと国境を接するこ
の地域が発祥だ

護衛だけでなく捜索や追跡、
攻撃をも行う警察犬

警察犬は、"イヌ科の"を意味する
「canine（ケイナイン）」をもじって「K9」
と呼ばれることも多く、世界中で攻撃犬、
追跡犬、探知犬として活躍している

イヌはその体力、敏捷性、知能を生かして容疑者を逮捕すべく訓練される。イヌがただその場にいるだけで公衆の秩序が保たれる場合も多い

高い運動能力を活かすことで、警察官が
立ち入れない場所の捜索も可能となる。
命令を聞き、そのとおりに行動する高い
知能と信頼関係が必須となる

警察犬は攻撃性が高ければよいというわ
けではない。非常時にも訓練どおりに行
動できる従順さと冷静さが必要となる

オランダで任務につくこの警察犬はベストを着用している。このベストのおかげで指導手がイヌを制したり抱え上げたりしやすくなる

実力テストを受けるイタリア水難救助犬
訓練所の新入犬。ひとたび水中に投げ込
まれると、水難者の元へと辿りつき、岸ま
で引っ張っていく

ヒトを助ける救助犬

水難事故の救助には、泳ぎが得意で体躯
も大きいラブラドール・レトリーバーなど
の水猟犬が向いている

雪崩災害の生存者を発見するために駆り
出されたジャーマン・シェパード・ドッグ
（100頁参照）。雪に埋まった人の匂いを
嗅ぎ当て、掘り起こし始めた

107

崩落した建物の下敷きになった人を、嗅覚と聴覚を駆使して捜す訓練を受けるイヌ

イヌの
高性能なセンサーは
救助以外にも役立つ

警備員と警察犬が協力して飛行場
の航空機を検査し、密航者や密輸
品が見つからないか確認している

空港内での荷物を注意深く調べる麻薬
犬。海外からの麻薬の持ち込みなどを取
り締まるため、きびきび働く

麻薬犬は違法薬物の匂いを覚える訓練
を受けている。荷物からその匂いを少し
でも感じたら、ただその隣に座りこみ、指
導手が来るのを待つ

凛々しい顔で小さい体の
立派な探知犬

ビーグル
英名　Beagle
この小型のセントハウンドは探知犬に
うってつけだ。ちなみに、漫画に出てくる
イヌの中でおそらく世界一有名な「スヌー
ピー」の犬種はビーグルだ

イベントへの襲撃を未然に防ぐべく、警察犬がロンドン中心部の通りで爆発物を捜索している

アメリカのアルコール・タバコ・火器及
び爆発物取締局（ATF）に所属するラブ
ラドール・レトリーバー。スタジアムに隠
された武器や弾薬を捜しているところだ

爆発物処理班に所属するイヌと
指導手の兵士が隠れた地雷や爆
発物を捜索している

系統を研ぎ澄ます

最も扱いにくいとされる犬種のアフガン・ハウンド（122頁参照）が観客の注目を集める。イギリスで毎年開催される世界有数のドッグショー、クラフツでのひとこまだ。犬種や系統ごとに最高の個体としてショーに出場することを課されるイヌもいる。優勝に輝いたイヌは、繁殖犬として尊重されるようになる

愛玩犬

愛し愛されるヒトの伴侶たち

　犬種に関わらず、イヌは申し分のない伴侶となる。イヌは無条件の忠誠と献身を尽くして飼い主のそばにいることで、つねに幸せを感じている。飼い主にとっては、ウルフハウンドであれ、テリアであれ、牧羊犬であれ、イヌは家族の一員なのだ。とはいえ、最初から家庭で人間とともに過ごすことを目的として改良された品種も数多く存在する。

　愛玩犬はどちらかといえば小型なため、さほど邪魔になることもなく、エサも少なくて済み、持ち上げて運んだり抱きしめたりもしやすい。こうした理由から、ほとんどの愛玩犬は狩りや牧畜といった日々の仕事に従事する犬種の縮小版となっている。愛玩犬は小型に改良されただけでなく、よりいっそう愛らしく見えるような特徴をそなえている。早産で小さく産まれたイヌは、成長しても子犬のような姿を保っている。たとえば垂れた耳、短い脚、大きな頭と目などだ。多くの使役犬にとっては邪魔になる柔らかな長毛も、ペットとしてかわいがられるイヌの場合には魅力のひとつとなる。近代以前のヨーロッパでは、長毛の小型愛玩犬は富と地位の象徴であり、伴侶として歓迎されるとともに、すきま風の入る寒い室内でささやかな温もりを与えてくれる存在だった。当然、こうした環境の中ではノミに悩まされることになった、といっても、人間のほうがだ。たっぷりとした被毛の愛玩犬はノミを引きつけて飼い主を守ってくれた。

　もうひとつのノミよけの手段としては、メキシカン・ヘアレス・ドッグ（Mexican hairless dog）やチャイニーズ・クレステッド・ドッグ（Chinese crested dog）といった、あまり被毛をもたないイヌを飼うというものがある。結局のところ、どんな姿であれ、イヌはただそこにいるだけで愛される存在なのだ。

ノーフォーク・テリア
英名：Norfolk terrier
愛らしく根気強いネズミ捕り用の小型犬で、垂れた耳と体にぴったりと沿ったむく毛をもつ

最も訓練が難しく美しいイヌ

アフガン・ハウンド
英名：Afghan hound

その名前とは裏腹に、この犬種がどこで
誕生したのかはわかっていない。アフガニ
スタンで商人とともにシルクロードを旅し
ていたことからそう呼ばれるようになった
のだ。かつてはウサギやヤギを狩り、ユキ
ヒョウやオオカミの襲撃を防いでいたサイ
トハウンドである。現在では最も訓練の
難しい犬種とされることもあいまって、そ
の流れるような長毛が人目を引く華やか
なイヌとなっている

チワワ

英名：Chihuahua

メキシコ原産の人気の犬種で、成熟して
も体高わずか 20 センチメートルほどに
しかならない世界最小のイヌだ。1000
年前、メキシコのトルテカ族が儀式の生
け贄や食料にしていた古代の犬種が元に
なっている

愛玩犬でも習性は引き継ぐ

ビアデッド・コリー
英名：Bearded collie

他のコリーや伝統的な牧羊犬よりも小型のビ
アデッド・コリーは、今ではペットとして飼わ
れることのほうが多くなっている。それでも地
方暮らしの習性を受け継いでおり、開けた場
所で過ごすのが好きなようだ

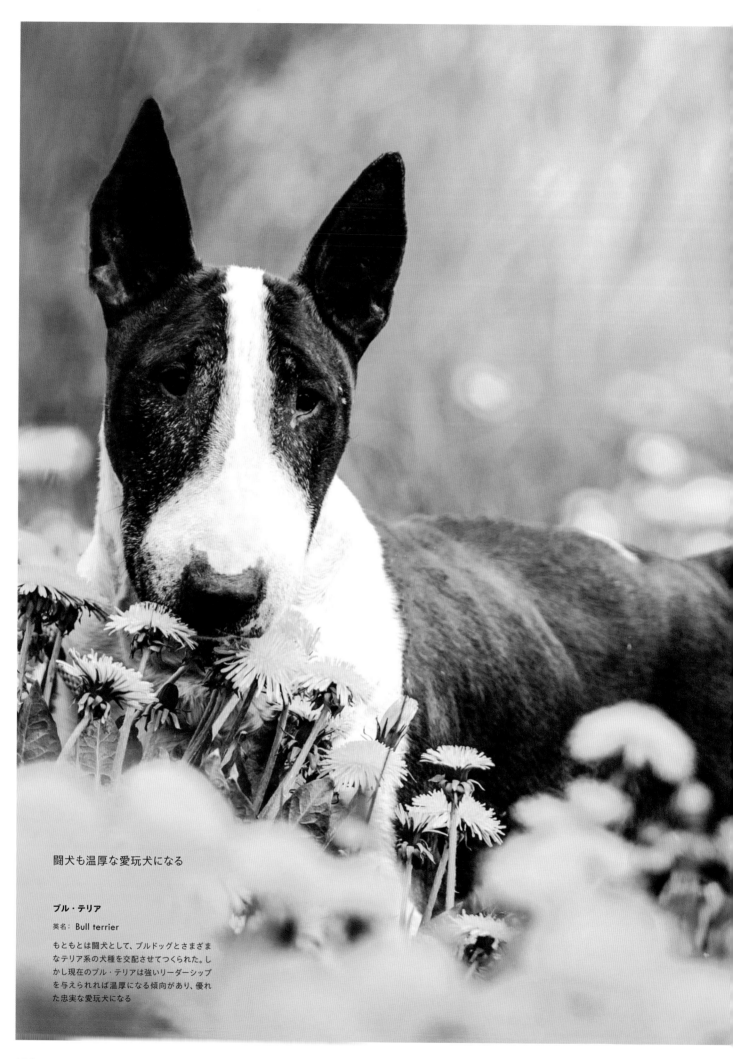

闘犬も温厚な愛玩犬になる

ブル・テリア
英名： Bull terrier
もともとは闘犬として、ブルドッグとさまざま
なテリア系の犬種を交配させてつくられた。し
かし現在のブル・テリアは強いリーダーシップ
を与えられれば温厚になる傾向があり、優れ
た忠実な愛玩犬になる

ミニチュア・ブル・テリア

英名： Miniature bull terrier

ブル・テリアの 2/3 ほどの大きさにしか
ならないこの犬種は、現在でははめったに
見ることがない

ボストン・テリア

英名： Boston terrier

ブルドッグとテリアの交配により生まれた、
もうひとつの犬種。北アメリカ原産のこの
イヌは従順な愛玩犬としてつくられたが、
頻繁な運動を必要とするのが玉にきずだ

狩りのための小さな体も、
愛らしい要素となる

チェスキー・テリア
英名：Cesky terrier
チェコ原産の犬種で、他のテリアより小型
につくられたため、獲物を追って狭い巣穴
に潜り込むことができる

キャバリア・キング・チャールズ・スパニエルの長い耳は、チャールズ2世の即位直前に終結したイングランド内戦時代に王党派がかぶっていたかつらを思わせる

キャバリア・キング・チャールズ・スパニエル

英名： Cavalier King Charles spaniel

セラピー犬としても活躍するこの小型の愛玩犬は、17世紀のイギリス王に愛されたことからその名がついた古い犬種、キング・チャールズ・スパニエル（172頁参照）と近縁だ

129

その性格は愛玩犬としてうってつけ

ダックスフント
英名： Duchshund
"ソーセージ・ドッグ"として知っている人も多いこの短足
のセントハウンドは、もともとは巣穴の中のアナグマを狩る
ためにつくられた。賢くて人懐こく、遊び好きで、愛玩犬と
してはうってつけだが、訓練にはかなり苦戦することもある

その性格は愛玩犬としてうってつけ

ダックスフント
英名： Duchshund
"ソーセージ・ドッグ"として知っている人も多いこの短足
のセントハウンドは、もともとは巣穴の中のアナグマを狩る
ためにつくられた。賢くて人懐こく、遊び好きで、愛玩犬と
してはうってつけだが、訓練にはかなり苦戦することもある

レークランド・テリア

英名： *Lakeland terrier*

針金状の被毛をもった小型で均整のとれたテリアだが、今ではかつてのようにキツネを巣穴の中まで追いかけるためには使われていない

レークランド・テリアは機敏で物怖じせず、大きさに関わらず他の動物を追いかける習性は残っているため、別のペットと一緒に飼わないほうが賢明だ

その姿は
イギリス人を想起させる？！

ブルドッグ

英名：British bulldog

マスティフ系の小型犬で、しばしばイギリス人らしさの象徴とされる。ブルドッグを人間に例えるとしたら、丸々と太って顎のたるんだ男。人生を謳歌し、頑固だが必要とあらば戦うことも辞さない、そんな人物像を連想させるからだ。この犬種につきものである健康問題により、ペットとしての人気は長らく下落し続けている

フレンチ・ブルドッグ

英名：French bulldog

19世紀のフランスで人気を博したイギリス原産の小型犬、トーイ・ブルドッグ（Toy bulldog）から改良された犬種。他の短頭種と同様に、健康問題を抱えていることが多い

イングリッシュ・マスティフ

英名：English mastiff

ウィリアム・シェイクスピアによる史劇『ヘンリー五世』の作中で"戦争の犬"と呼ばれているのが、この大型の歴史ある犬種だ。巨体でありながらおとなしく勇敢で、すばらしいペットになる

フワフワ、モサモサ、そしてサラサラ

このふわふわした小型の犬種は、北ア
ジアや北極圏周辺に起源をもつ猟犬の子
孫だ。無駄吠えをする傾向があるが、訓練

日本スピッツ
英名: Japanese spitz
このふわふわとした小型の犬種は、北ア
ジアや北極圏周辺に起源をもつ猟犬の子
孫だ。無駄吠えをする傾向があるが、訓練
でおとなしくさせることもできる

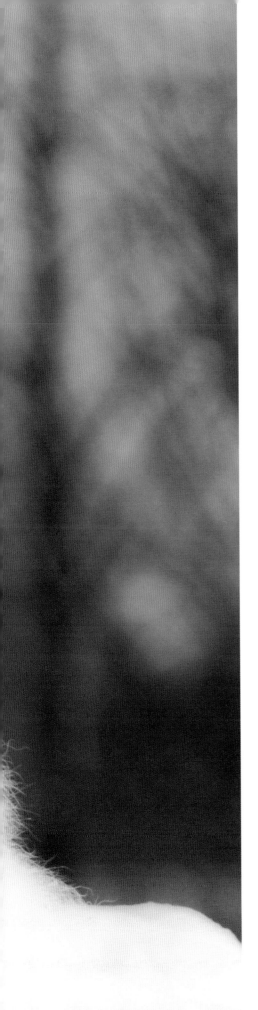

クランバー・スパニエル

英名：Clumber spaniel

オレンジ色の班が入った長い被毛をもつテリ
ア。ニューカッスル公爵の郊外の領地が名前
の由来だ。頻繁なグルーミングが欠かせず、よ
だれが多いものの、よいペットとなる

ラサ・アプソ

英名：Lhasa apso

チベットの寺院で番犬をするためにつくられた
犬種で、その流れるような被毛のためにアジア
原産でありながら 20 世紀初頭のヨーロッパ
で多くの賞賛を得た

レオンベルガー

英名： Leonberger

ドイツ・バイエルン州の都市にちなんだ名をもつ※この大型犬種は、山岳牧畜犬としてつくられた。オスの頭はメス（左）よりも毛量が多く、幅が広い。従順で人懐こく、温厚なイヌで、その巨体と抜け毛さえ受け入れられれば理想的なペットになる

※バーデン＝ヴュルテンベルク州にある同名のレオンベルク市が由来という説もある

ペキニーズ

英名： Pekingese

DNAの分析により最古の犬種のひとつと判明しており、1400年前の中国の宮廷でも飼育されていた記録がある。中国の首都である北京が名前の由来だ

ペキニーズの祖先犬はラサ・アプソ（135頁参照）とされており、その毛並みと表情も相まって外貌はまるでライオンのよう

見た目は闘犬、中身は温厚

スタッフォードシャー・ブル・テリア

英名： Staffordshire bull terrier

たくましい顔つきをした犬種だが、家族との生活にもよくなじむ。その元となったのは闘犬で、強靭で他の犬には攻撃的だが人間に対しては温厚なイヌだった。今でこそ好戦的な性質は淘汰されたが、荒々しい見た目は失っていない

その姿から、
別名はバタフライ・スパニエル

パピヨン

英名：Papillon

この歴史ある犬種の名前はフランス語で
"蝶"を意味し、その羽を思わせる耳の形
に由来している

シーズー

英名： Shih tzu

チベットの"ライオン犬"の血を引くこのイヌの名前は、中国語で"獅子"を意味する。ここ半世紀で世界的に人気が高まっている

シャー・ペイ

英名： Shar-pei

中国語で"砂のような毛皮"の名をもつこの犬種は、およそ2000年前の漢王朝時代につくられた陶製の闘犬にそっくりな姿をしている

愛されることに向いていた

サセックス・スパニエル

英名： Sussex spaniel

この胴長の犬種は他のテリアと比べて銃
猟犬としては劣るが、ペットにはぴったりだ

スコティッシュ・テリア

英名： Scottish terrier

小型だがすばしこいこの犬種は、スコット
ランドのハイランド地方で害獣駆除のた
めにつくられた。黒い被毛とふさふさした
眉毛が特徴だ

スタンダード・プードル
英名： Standard poodle

本来は水鳥を飛び立たせて回収する水猟犬として、おそらくドイツでつくられたスタンダード・プードルは、密生した巻き毛のおかげで冷たい水が直接皮膚に触れることなく、おまけにトリミングや手入れもしやすくなっている

"スタンダード(標準)"という言葉はサイズを指し、他のプードルや交雑種は小型になる傾向がある

マルチーズ

英名：Maltese

この愛らしい見た目をしたイヌの祖先は紀元前300年ご
ろ、マルタ島などの地中海の島々や沿岸で暮らしていたと
考えられている。

ヨークシャー・テリア

英名：Yorkshire terrier

小型で活発な"ヨーキー"はペットとして非常に人気の高
い犬種だ。きちんと訓練すれば大切な家族の一員となる
が、おろそかにすれば騒がしく攻撃的になることもある

19世紀に誕生したばかりのヨークシャー・テ
リアは今よりも大きな体格だったが、今では
小型化され、体重1.5～3キログラムとチワワ
（174頁参照）に次ぐ小ささとなっている

ショーのためのグルーミングは
健康のためにもなる

コンテストに出場するため、毛並みをカットされたスタン
ダード・プードル(145頁参照)。コンテストに参加するた
めに育てられるイヌたちは、その犬種の最高の見本ともい
える存在だ

グルーミングを受けるヨークシャー・テリア
（146頁参照）。グルーミングが適切ならば皮
膚と被毛は健康に保たれ、見た目もよくなる

アラスカン・マラミュート（78頁参照）の子
犬。人間はこのふわふわとした子犬のように、
かわいらしいものを守りたいと感じる本能を
もっている。自分の子どもの世話をするのも
同じ理由からだ

子犬

幼く可愛いころから社会性を学ぶ

イヌは早ければ生後6カ月ほどで繁殖が可能になるが、多くの場合は1歳を過ぎてからだ。子犬は約2カ月の妊娠期間を経て産まれる。1度に出産する子犬の数は3〜4匹がほとんどだが、ときに10匹以上になることもある。

イヌは晩成性であり、産まれたばかりではやや無力な状態だ。羊膜に包まれた子犬が産まれると、母親は子犬が出られるよう羊膜を破り、その大半を食べて取り除く。子犬は生後2週間のうちは目も開かず、産まれてすぐはまっすぐ歩くこともままならない。しかし母乳の匂いを嗅ぎつけて、なんとか母親の乳首まで辿りつくことができるのだ。イヌは10個の乳首をもっており、おおよそ5匹までの子犬なら十分に養っていける。1度に産まれた子犬の数が多くなれば、体格の小さいものが必ず1匹は出てくる。こうした子犬は体の大きなきょうだいに力負けしてエサにありつくことができず、人間の手助けがなくては生きていけないだろう。子犬は母親から安全な遊び方や、お互いに噛みついたり傷つけたりしてはいけないことを教わっていく。

野生イヌの世界では、生き残ったきょうだい同士が大きな家族として、その後の一生をともにする。飼いイヌの場合、きょうだいはふつう生後8〜10週間で離ればなれになる。この時期になると子犬は歩いたり、新しい家族と一緒にちょっとした遊びを楽しんだりできるほどたくましくなり、飼い主との生涯にわたる絆を紡ぎはじめるのだ。

ビアデッド・コリー(125頁参照)の子ども。
子犬たちは遊びを通して学んでいく。最
も早いうちに覚えるのは、自分の家族と
他者の区別だ。きょうだいとの関係から
始まるレッスンだが、人間の家族に加わっ
ても続いていく

エアデール・テリア（41 頁参照）の母親
が子犬に、他のイヌのそばではどうふる
まうべきかお手本を見せている。「挨拶を
しなさい、噛みついちゃだめ！」

このチワワ（124 頁参照）は最小の犬種。
生後およそ 10 ヵ月で最大のサイズになる

やがて信頼関係を
学んでいく

2匹の若いアイリッシュ・ウルフハウンド
（52頁参照）が舐め合っている。これは
服従と信頼の証だ。誰だって敵ならば舐
めたりはしないだろう

どんな犬種であっても、子犬は産まれてからの成長が早い。2 週間もしないうちに尻尾を振ったり、吠えたり、いつも遊んでいたりとイヌらしい行動を見せ始める

ブルマスティフ
英名：Bull mastiff

このマスティフの子犬たちにとって、遊び
の時間は忙しい。今まさに運動の技術と
制御を磨き、他者との協力を学んでいる
ところなのだ

イヌはほとんどの場合が多産なので子犬
にはきょうだいが多い。きょうだいが多け
れば、遊びを通してグループ内の序列が
形成される

佇むブル・マスティフの子犬。やがて訓
練中から人間の家族の中での居場所を与
えられる

158

ブリアード（74頁参照）の子犬。子犬を新しく迎え入れた
ら、最初の数カ月間は家族以外のさまざまな人と会わせ
るのがいいだろう

子犬も母親が大好き

フットハウント（36頁参照）の母子。ほとんどの子犬は最初の4週間は母親に依存しきっており、その後は離れて過ごす時間のほうが多くなる。乳離れはおよそ8週間程だ

純血の子犬たち

ボーダー・コリー（54 頁参照）の子犬。純血を維持するということは、望ましくない、あるいは害にしかならない特徴を子犬が受け継がないよう慎重に交配するということだ

ブラッドハウンド（36 頁参照）の子犬。犬種名の由来は「純血のハウンド」を意味する「ブラデッド・ハウンド」から来ている

ダックスフント（130 頁参照）の子犬。ダックスフントは３種類のサイズおよび３種類の毛質に分かれて繁殖されてきたため、組み合わせとしては９つの種類に分けられている

"ソーセージ・ドッグ" ことダックスフント
（131頁参照）の子犬。心地よい絨毯の
上でくつろいでいる

生後7日のシーズー（141頁参照）のきょ
うだいが母乳を飲んでいる

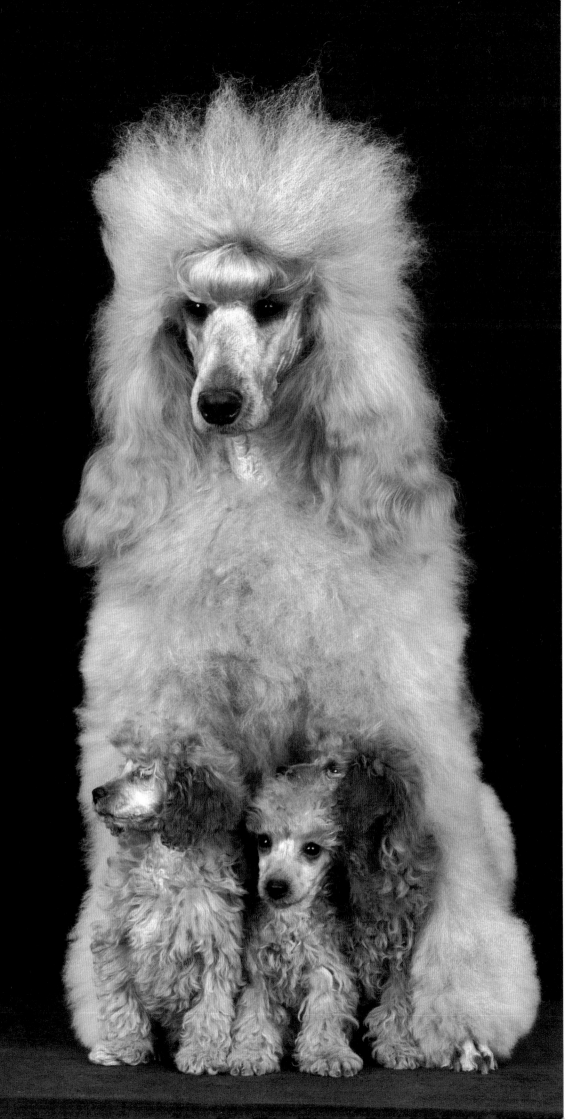

このスタンダード・プードル（145頁参照）の子どものように、了犬は生後10週間はほとんど母親のそばを離れようとしない

イヌはペット市場向けにブリーダーの元やパピーファーム（子犬農場）で繁殖されている。子犬はそこで最初の数日間を集団で過ごす

アフガン・ハウンド（122頁参照）
の子犬。この子犬の被毛が伸びて、
見とれるような姿の母親と同じ長
さになるまで数カ月はかかる

大事に大事に育てられる

コッカー・スパニエル
英名: Cocker spaniel

ヤマシギ（ウッドコック）などの陸鳥を追
い立てる役割からその名がつけられた
コッカー・スパニエルだが、この子犬に
はペットとしてのより快適な生活が待っ
ていることだろう

ペットとしての
訓練が待っている

秋田犬（48頁参照）の家族が、これ幸い
とばかりに暖かい場所でくつろいでいる。
秋田犬の子犬がペットとして成長するた
めには、早くから長い訓練を受けなけれ
ばならない

子犬のころから
特徴を受け継ぐ

この犬種の特徴である、長く垂れ
下がった耳を早くも誇示する子犬

キング・チャールズ・スパニエル
英名： King Charles spaniel

この犬種の特徴である、長く垂れ
下がった耳を早くも誇示する子犬

上段左：まだ幼いながら、このブル・テリア（126頁参照）の子犬は堂々としたたくましい
姿だ。／上段右：バセンジー（39頁参照）の子犬。このアフリカ原産のイヌは、成長するに
つれてがっしりした体つきになっていく／下段左：ボストン・テリア（127頁参照）の子犬。
子犬の耳は歳とともに丈夫になり、成犬になるころにはぴんと立つ／下段右：チェスキー・
テリア（128頁参照）の子犬。このチェコ原産のイヌの柔らかな被毛をよい状態に保つに
は、頻繁なブラッシングとトリミングが欠かせない

子犬が十分にたくましく育ち、予防接種を済
ませたら、外へ探検に連れて行くといいだろ
う。イヌにとって生後100日間は、世界につ
いて多くのことを学ぶ重要な時期なのだ

ネコなどとは違い、イヌは外へ連れ出さな
くてはならない。早くからさまざまな環境
を体験してもらうと子犬も喜ぶはず

2匹のボーダー・コリー（54頁参照）の
子犬が砂浜で遊んでいる。成長して牧羊
犬として働くようになれば、遊ぶ時間はほ
とんどなくなるだろう。そして、彼らもそん
な生き方が好きなのだ

イタリアン・グレーハウンド（46頁参照）
の子犬。このレース犬は生後18カ月ごろ
から競技に参加できるようになる

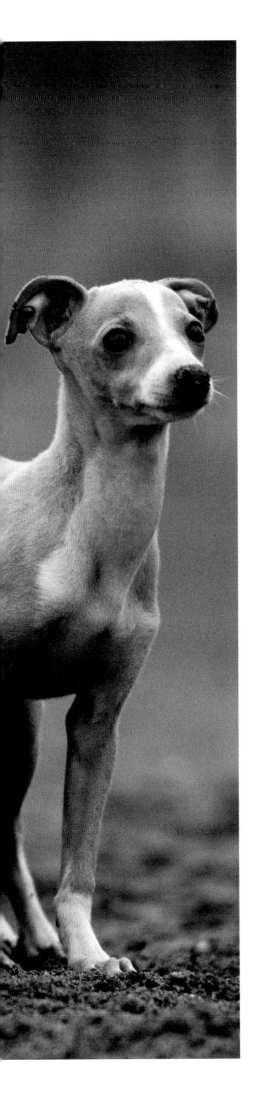

クーバース（66頁参照）の子犬。あらゆる脅威に立ち向かうためにつくられた護畜犬。よいペットにするなら、子犬を早いうちから訓練する必要がある

コモンドール（72頁参照）の子犬。この犬種の代名詞ともいえる房状の被毛は、生後1年は経ってからようやく発達し始める

イングリッシュ・マスティフ（133頁参照）の子犬。子犬はもっぱら嗅覚に頼っている。産まれたときにはまだ耳が聞こえず、目も見えないのだ

イタリアン・スピノーネ（47頁参照）の子犬。子犬は生後およそ10週で安全に泳げるようになる

あっという間に成長するからこそ、
その成長に合わせて育てなければならない

イングリッシュ・スプリンガー・スパニエル
英名：English springer spaniel
子犬が成長するに従って、より頻繁に、長い時間をかけて運
動させる必要がある

ノルウェジアン・エルクハウンド（46頁参照）の子犬。この犬種は厚い被毛のおかげで、子犬のころから寒さに強い

オッターハウンド（52頁参照）の子犬。水中で狩りをするためにつくられたこのイヌは、生まれつき被毛に油分を含むため、たびたび洗い流してグルーミングしないと絡まってしまう

ナポリタン・マスティフ（94頁参照）の
子犬。この犬種の特徴であるたるんだ皮
膚は、幼いころから一目瞭然だ

ノーフォーク・テリア（120頁参照）の子犬。
群れで狩りをするように改良されたこの
小型犬は、高度な社会性をそなえている

イヌの習性

多様なコミュニケーションと社会性

　外見は違っても、どんな犬種であれその本質はオオカミだ。それが、イヌが人間とうまくやっていける理由のひとつでもある。野生のオオカミは、複雑な社会構造をもつ家族体位の群れで暮らしている。それを統制するのが、あらゆるイヌに共通する言語、つまり視覚的サインと匂いによるコミュニケーションだ。満ち足りた飼いイヌが行儀よくふるまうのは、家族の中で自分の居場所を見つけられたからである。

　イヌの訓練は、その動物としての本能を存分に利用して行われる。イヌの本能とは、匂いをたどったり、獲物になりそうなものを追いかけたりする衝動だ。また侵入者に立ち向かうことで、同じイヌであれ人間であれ、家族を守るという役割も果たす。

　人間の集団にうまくなじんだとはいっても、やはりイヌはまったく別の生き物だ。野生イヌが無為に過ごすことはめったになく、食料を探すために長距離を移動してあくせくと働かなくてはならない。飼いイヌではその必要がなくなったものの、体を動かしたいという衝動は失っておらず、依然として遊びを通した運動や家族との交流は欠かせない。犬種にもよるが、ほとんどのイヌは1日におよそ60分かそれ以上、散歩したり、走ったり、遊んだりする必要がある。

　尻尾を振る、吠える、うなる、嗅ぐ、甘噛みなどの行為は、すべてイヌがお互いにコミュニケーションをとるための手段であり、人間に対してもまったく同じ行動をとる。よく訓練し、常に刺激を与え、はっきりと指示を出して導いてやれば、イヌたちは幸せを感じるだろう。

このビーグル（113 頁参照）は近くのイヌに自分の居場所を知らせようとしている。あるいは、聞こえてきた甲高い音を他のイヌの鳴き声と勘違いしたのだろうか

イヌにとって尻尾は重要なコミュニケーションの道具だ。
リラックスしたイヌは穏やかに尻尾を振る。不安を感じる
と普段より尻尾が下がる。尻尾をぴんと立てているのは何
かに刺激されて興奮している証拠だ

イヌは匂いの世界に生きており、他のイヌに出会ったらまずは匂いを嗅ぐ。それは犬種の違いによって大きさが著しく異なっていても、変わらない

イヌは匂いから相手が仲間かそうでないかを判断するだけでなく、気分まで感じとることができる

吠えも立派なコミュニケーション

イヌももちろん音声でコミュニケーションをとる。「遠吠え」と「吠え」だ

遠吠えが広範囲への合図であるのに対し、吠えるのはさらに直接的なコミュニケーションの方法だ

その意図は挨拶や、「どこへ行っていた
の?」といった質問かもしれない。「近づ
くな」などの命令の場合もある

大人になっても
遊びは大事！

遊びに夢中のボーダー・コリー（54頁参
照）。このイヌはおそらく、他のどの一般
的な犬種よりも運動と刺激を必要とする

欠かせない毎日の散歩

走るベルジアン・シェパード・ドッグ（63頁参照）。イヌは動かずにはいられないようにできており、毎日なるべく1時間は散歩したり、走ったり、探検したり、交流したりする機会が必要だ

芝生など舗装されていない地面を駆け回るの
が重要。舗装された地面だと足を痛めたり、夏
場はやけどの危険もあるので注意したい

雪の中もイヌにとっては楽しい。どんな季
節であっても散歩は行いたいもの。もちろ
ん犬種によって耐えうる気温に違いがあ
るので、ふさわしい備えはしておく

イヌが水遊びを好きなわけ

泳ぎに向かうボストン・テリア（127 頁参照）。イヌは人間のように効率的に汗をかくことができないため、暑い日には体を冷やそうと水浴びしたくてたまらなくなる

脚の短いダックスフント（130頁参照）は深い水を避けるが、なかには犬かきを楽しむものもいる

キャバリア・キング・チャールズ・スパニエル（129頁参照）は小型犬にしては見事な3メートル以上ものジャンプができる

運動しているのを
見てもらうのも好き

得意なジャンプを終え、自分に注目が集ま
るのを明らかに楽しんでいる

ボールで遊ぶボクサー(95頁参照)。彼らにとっ
て、この遊びはネズミやウサギを狩るのと同じ
くらい大事なことなのだ

野生を思い起こさせる走り

ウェルシュ・コーギー・ペンブローク

英名： Pembroke Welsh corgi

飼いイヌであっても野生の本能に気を配って
やらなければならない。このコーギーはボール
を追いかけるのが何よりも好きらしい

3 匹のイングリッシュ・スプリンガー・ス
パニエル（181 頁参照）が、誰が飼い主に
ボールを持って帰るかで争っている

可愛がられるのも
仕事です

フレンチ・ブルドッグ(123頁参照)は、縄
でつながれた雄ウシにイヌをけしかける
"牛いじめ"という娯楽用につくられた。
この見世物は200年ほど前に禁止され
たため、ブルドッグには次の仕事が与えら
れた。それは、かわいがられることだ

ヒトの手を離れた野良犬は
野生の勘を取り戻す

路上で身を寄せ合って眠る3匹の幼い野
良犬。人間の手を離れたイエイヌは野生化
し、野生イヌ本来の行動をとるようになる

目立ちたがりのファラオ・ハウンド（50 頁参照）。
イヌは喜んで芸を覚える。退屈しのぎになるし、
披露すれば褒めてもらえるからだ

泳いだ後に水気を振り払うジャーマン・シェ
パード・ドッグ（100 頁参照）。長い上毛のおか
げで、柔らかい下毛があまり濡れずにすむ

セントハウンドの長く垂れ下がった頬には
鼻の粘膜の湿り気を保ち、空気中の匂い
をより感じやすくする役割がある

イヌは習慣の生き物だ。食事の時間を覚
えており、飼い主と一緒に食べようとする

食い意地が張っているわけではない
規則正しい生活を愛しているのだ

イヌは肉食動物であり、その短い腸は栄養豊富な肉を数
時間で消化してしまう。飼いイヌは食べ過ぎたりエサをも
らい過ぎたりしやすく、カロリーの低いドライフードも喜ん
で食べる。噛むおもちゃや骨型ガムは、歯と歯茎を健康な
状態に保ってくれるだろう

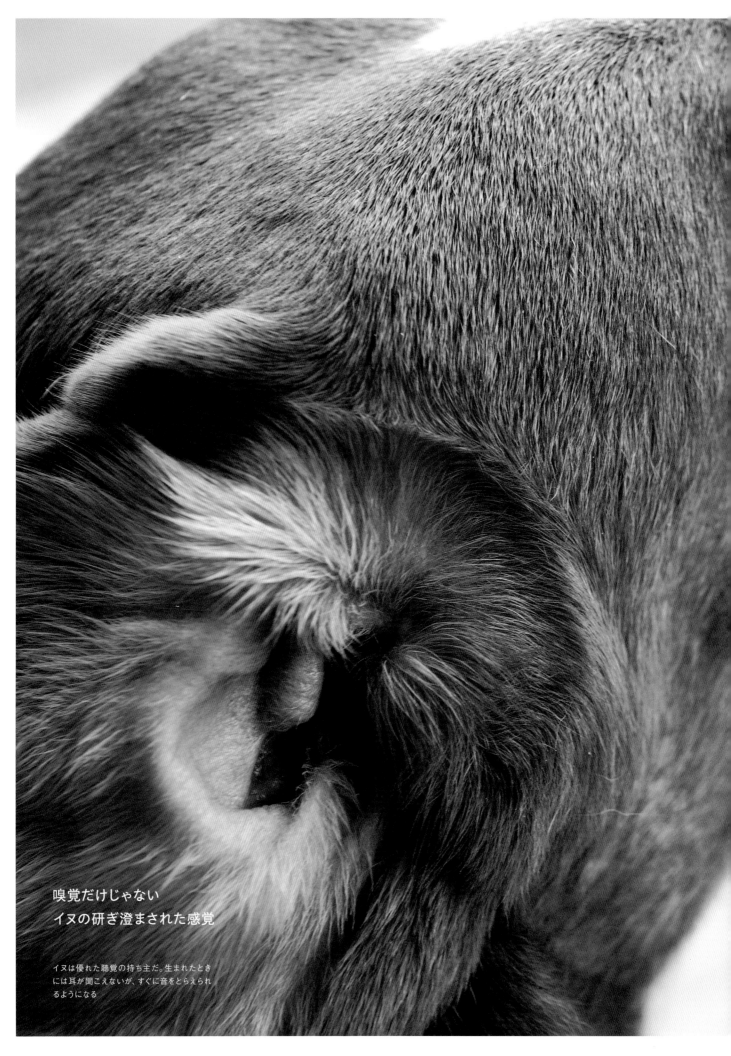

嗅覚だけじゃない
イヌの研ぎ澄まされた感覚

イヌは優れた聴覚の持ち主だ。生まれたとき
には耳が聞こえないが、すぐに音をとらえられ
るようになる

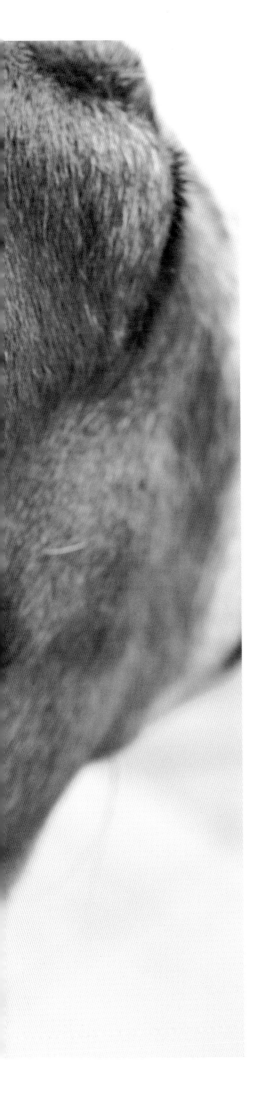

耳をピンと立てて耳を澄ます。成熟したイヌは
人間の4倍もの鋭い聴覚をもつ

ほとんどのイヌは左右の耳を別々に動かして、
音のする方向に正確に向けることができる

喧嘩もする

イヌは社交的な動物だ。それゆえ仲間を大事にするが、残念ながら時としてイヌ同士の衝突は避けられない

なかにはあまり社交的でないイヌもおり、
自分を支配しようとしていると感じた相手
を攻撃する

闘いではうなったり吠えたりと騒がしくせ
わしないが、大きな怪我をすることはめっ
たにないのが救いだ

大胆不敵に戦いを挑む

勝ち目のない相手であるブルマスティフ
（158頁参照、左）と闘い始めた牧羊犬
（右）。イヌが勇気を学ぶことはないが、勇
気を失うことも決してない。こうした行動
は純粋な本能によるものなのだ

ヒト以外にも懐く

多くの家畜は、たとえ誤解されることが多く悪評の高いイエネコであっても、高度な社会性をもった動物だ。このアラスカン・マラミュート（78頁参照）はウマにすっかり懐いている。逆もまた然りだ

イヌは遊びの天才

レオンベルガー（136頁参照）の母子が一
緒に遊んでいる

Index

Credits

著者

トム・ジャクソン

25年のキャリアをもつ作家。150冊を越す著書が
あり、さらに多くの本に寄稿している。ブリストル大
学で動物学を学び、過去には保護活動家として動
物園に勤務。ホッキョクグマの獣舎の清掃やペンギ
ンの給餌を担当し、ベトナムのジャングルの調査や、
アフリカで干ばつに苦しむ野生動物を救助した経験
もある。

訳者

倉橋俊介 （くらはし・しゅんすけ）

1982年東京生まれ。国際基督教大学教養学部人文
科学科中退。主な訳書に『世界のカエル大図鑑』(柏
書房、共訳)、『ミツバチと文明』(草思社)、『カメ大全』
(エムピージェー) など。

監修者

菊水健史 （きくすい・たけふみ）

1970年鹿児島県生まれ。獣医学博士。'94年東京
大学農学部獣医学科卒業。三共株式会社、東京大
学農学部生命科学研究科助手を経て、2007年麻布
大学獣医学部准教授、'09年同教授。専門は動物
行動学、行動神経科学、比較認知科学、神経内分
泌学。著書に『日本の犬』(共著、東京大学出版)、『犬
のココロを読む』(共著、岩波書店)、『愛と分子』(東
京化学同人) など。

世界の飼い犬と野生犬

2024年2月2日　初版第1刷発行

著者　　　トム・ジャクソン
訳者　　　倉橋俊介
監修者　　菊水健史
発行者　　三輪浩之
発行所　　株式会社エクスナレッジ
　　　　　〒106-0032
　　　　　東京都港区六本木7-2-26
　　　　　https://www.xknowledge.co.jp

お問い合わせ
編集　　　TEL：03-3403-1381
　　　　　FAX：03-3403-1345
　　　　　info@xknowledge.co.jp
販売　　　TEL：03-3403-1321
　　　　　FAX：03-3403-1829